Tupak Ernesto Obando Rivera

Fundamento de la Ingeniería Geológica

Tupak Ernesto Obando Rivera

Fundamento de la Ingeniería Geológica

Mecánica de suelos

Editorial Académica Española

Imprint

Cover image: www.ingimage.com

Publisher:
Editorial Académica Española
is a trademark of
International Book Market Service Ltd., member of OmniScriptum Publishing Group
17 Meldrum Street, Beau Bassin 71504, Mauritius

Printed at: see last page
ISBN: 978-620-2-14588-6

Zugl. / Aprobado por: Managua, Universidad Nacional de Ingenieria, Tesis Doctoral, 2017

Dedicado a mis hijos, Ernesto Antonio,

José Gabriel y Linda Saraí

Indice General

Capitulo

MECÁNICA DE SUELOS

Autor:

Tupak Obando Rivera.,
Geólogo
Consultor en Gestión
Ambiental.
Teléfono: (505)86514404
Correo:
tobando_geologic@yahoo.com

Definición de suelo en Ingeniería Geológica

Suelo: agregado natural de partículas (granos minerales) que se hallan unidas por fuerzas débiles de contacto, y que pueden ser separados por medios mecánicos de poca energía o por agitación en agua.

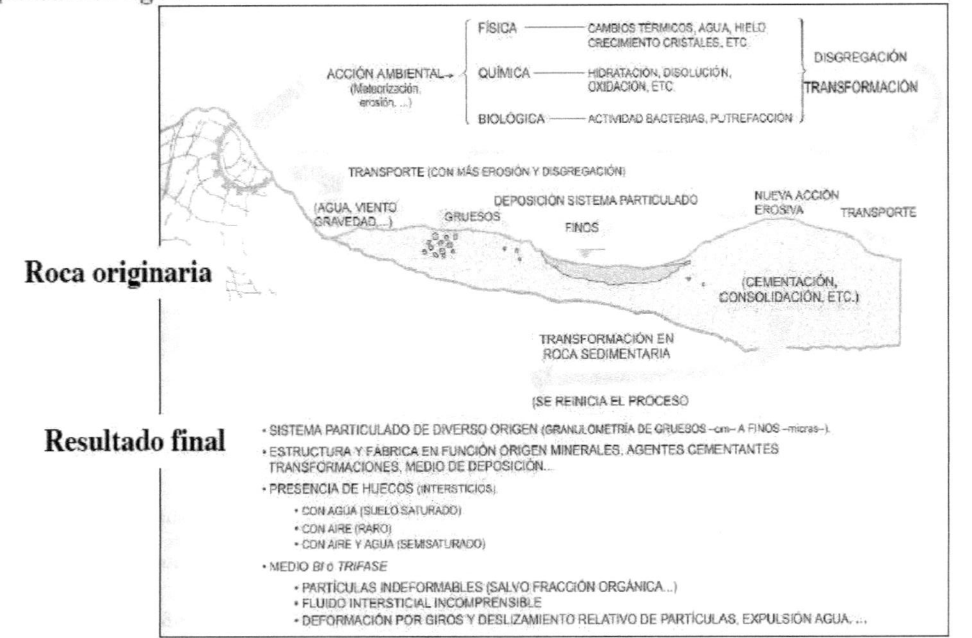

Composición del suelo

El suelo es un sistema multifase (bifase o trifase)

Fase sólida (partículas consideradas indeformables):

- partículas procedentes de rocas
- materia orgánica

Huecos o poros:
Fase líquida: Agua
Fase gaseosa: Aire

→ **Suelos saturados**
→ **Suelos semisaturados**

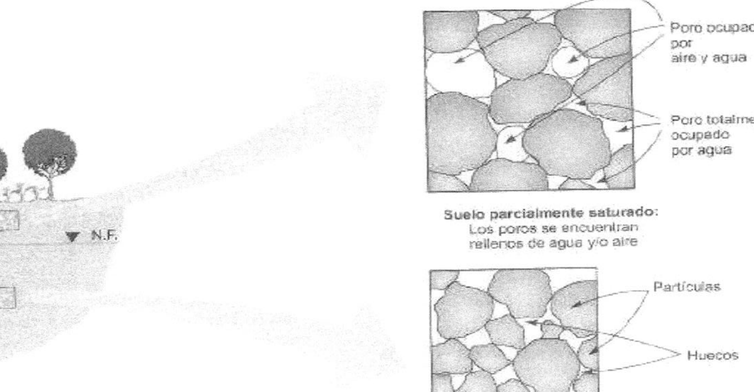

2.2.- Composición del suelo

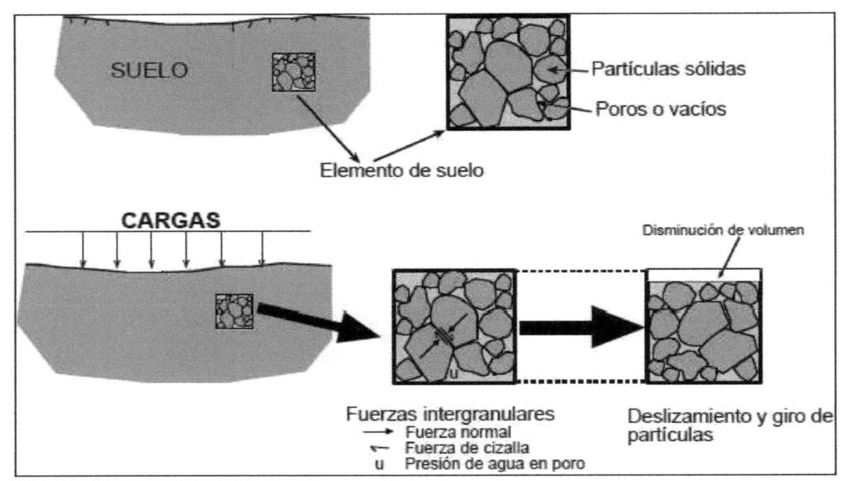

En los suelos hay que analizar:

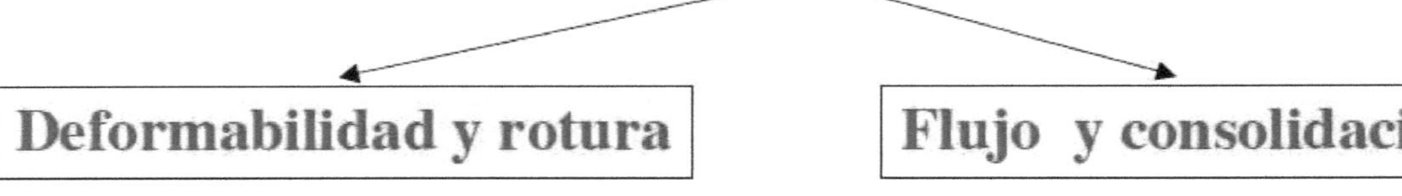

Composición del suelo
Partículas procedentes de rocas

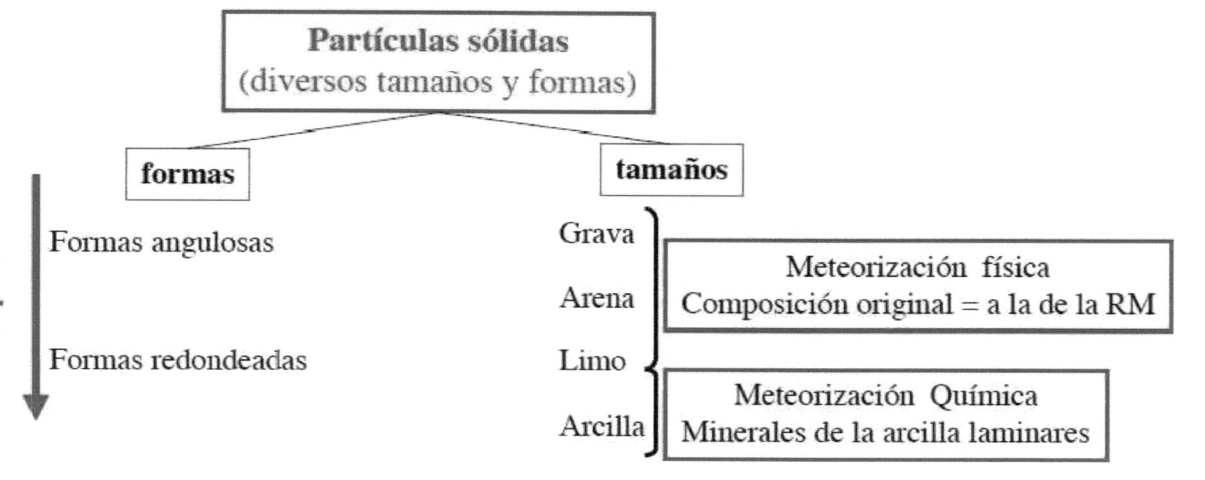

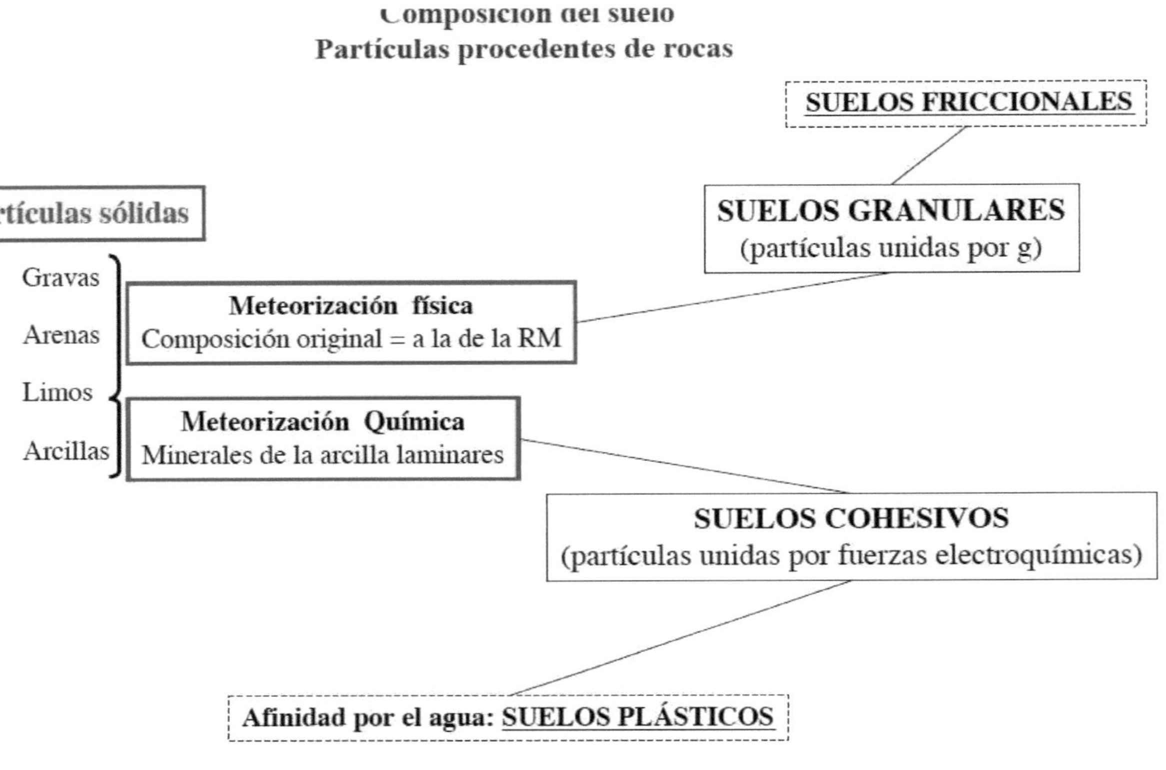
Composición del suelo
Partículas procedentes de rocas
SUELOS FRICCIONALES
SUELOS GRANULARES
(partículas unidas por g)
Partículas sólidas
Gravas
Arenas
Limos
Arcillas
Meteorización física
Composición original = a la de la RM
Meteorización Química
Minerales de la arcilla laminares
SUELOS COHESIVOS
(partículas unidas por fuerzas electroquímicas)
Afinidad por el agua: SUELOS PLÁSTICOS

Descripción y clasificación de suelos

Propiedades físicas de los suelos

V= volumen total del elemento de suelo
Vs= volumen de sólidos
Vv= volumen de vacíos o poros
Vw= volumen de agua intersticial

Va=volumen de aire en los poros

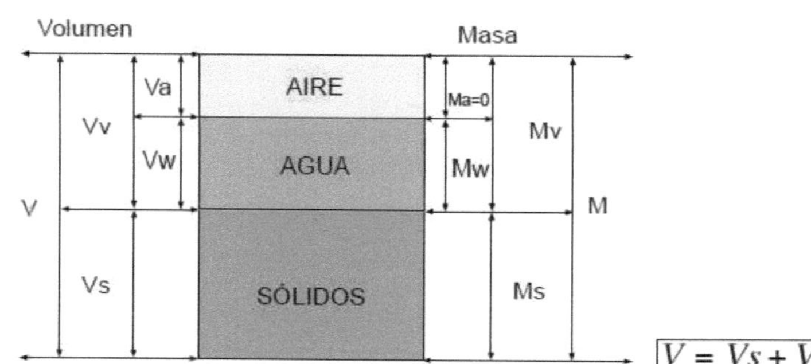

M= masa total del elemento de suelo
Ms=masa de sólidos
Mv=masa de vacíos
Mw= masa de agua intersticial
Ma=masa de aire en los poros (despreciable)

$$V = Vs + Vv = Vs + Vw + Va$$

$$M = Ms + Mv = Ms + Mw$$

$$W = Ws + Wv = Ws + Ww$$

W= peso total del elemento de suelo
Ws=peso de sólidos
Wv=peso de vacíos
Ww= peso de agua intersticial
Wa=peso de aire en los poros (despreciable)

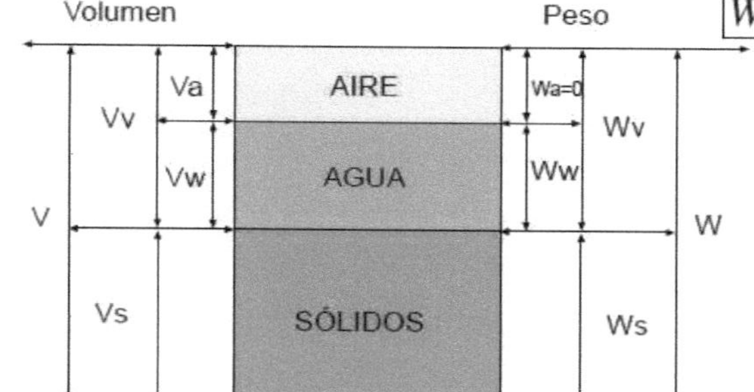

Descripción y clasificación de suelos

Propiedades físicas de los suelos

Humedad y grado de saturación
(adimensionales)

Humedad

$$w = \frac{Ww}{Ws} \times 100 = \frac{Mw}{Ms} \times 100$$

Grado de saturación

$$S = \frac{Vw}{Vv} \times 100$$

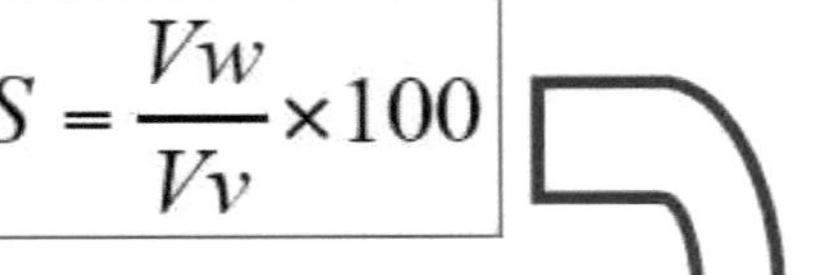

Suelos saturados → S = 100%

Descripción y clasificación de suelos

Propiedades físicas de los suelos

Peso específico y densidad del suelo

Densidad del suelo $\rho = \dfrac{M}{V}$

Peso específico del suelo $\gamma = \rho \cdot g$ $\quad \gamma = \dfrac{W}{V} \rightarrow$ 15-21 kN/m^3

g=9.81 m/s^2

Peso específico seco $\gamma_d = \dfrac{Ws}{V} \rightarrow$ 6-12 kN/m^3 **Densidad seca** $\rho_d = \dfrac{Ms}{V}$

Peso específico de sólidos $\gamma_s = \dfrac{Ws}{Vs} \rightarrow$ 13-19 kN/m^3

Peso específico del suelo saturado $\gamma_{sat} = \dfrac{W_{sat}}{V} \rightarrow$ 16-21 kN/m^3

Descripción y clasificación de suelos

Propiedades físicas de los suelos

Peso específico de partículas o gravedad específica de sólidos Gs

$$Gs = \frac{Ms}{Vs\rho w} = \frac{Ws}{Vs\gamma w} = \frac{\gamma_s}{\gamma w}$$

$$\gamma w = 9.81\ kN/m^3$$

La mayor parte de los suelos reales tienen valores de Gs comprendidos entre $2.60 < Gs < 2.80$.

Los suelos altamente orgánicos pueden tener valores de $Gs<2$ y suelos con alto contenido en minerales pesados pueden tomar valores de $Gs>3$.

Descripción y clasificación de suelos

Propiedades físicas de los suelos

Relación de vacíos o índice de huecos y porosidad

(adimensionales)

Índice de huecos o relación de vacíos $e = \frac{Vv}{Vs}$ Porosidad $n = \frac{Vv}{V}$

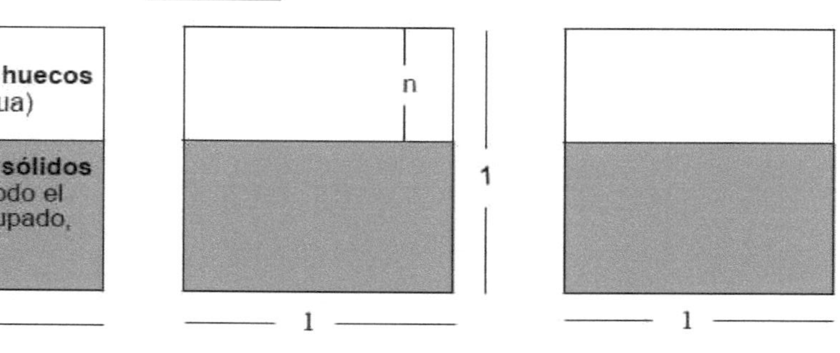

$$e = \frac{Vv}{Vs} = \frac{Vv}{V - Vv} = \frac{\frac{Vv}{V}}{1 - \frac{Vv}{V}} = \frac{n}{1-n}$$

$$n = \frac{e}{1+e}$$

Ecuaciones derivadas

$$\gamma_d = \frac{\gamma}{1 + w}$$

$$\gamma_d = \frac{G_s \gamma_w}{1 + w G_s / S}$$

$$W_s = \frac{W}{1 + w}$$

$$M_s = \frac{M}{1 + w}$$

$$e = \frac{G_s \gamma_w}{\gamma_d} - 1$$

$$w = S\left[\frac{\gamma_w}{\gamma_d} - \frac{1}{G_s}\right] \times 100\%$$

Descripción y clasificación de suelos

3.2 Granulometría

Normas Técnicas

Tamizado
Ø >0.075 mm

- *UNE (933/2 o 103 101) – Europea (ISO)*
- *NLT (104/72) - CEDEX*
- *ASTM (D-422-63) – Americana*
- *DIN – Alemana (18035-5)*

Sedimentación (Hidrómetro)

UNE 103 102

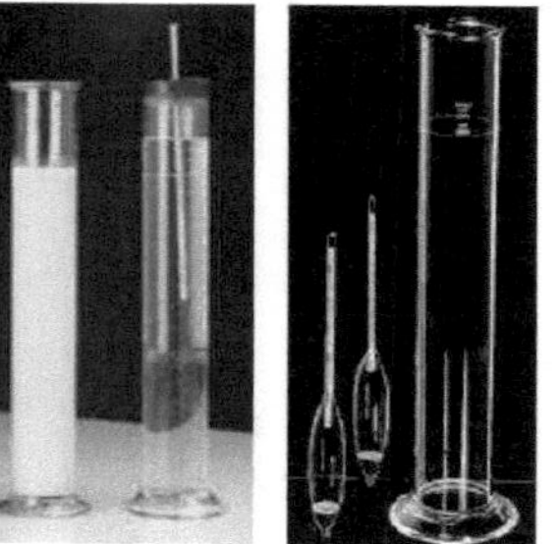

Descripción y clasificación de suelos

3.2 Granulometría

	BRITÁNICO $_1$	**AASHTO** $_2$	**ASTM** $_3$	**SUCS** $_4$
	ϕ (mm)	ϕ (mm)	ϕ (mm)	ϕ (mm)
Grava	60 – 2	75 – 2	> 2	75 – 4,75
Arena	2 – 0,06	2 – 0,05	2 – 0,075	4,75 – 0,075
Limo	0,06 – 0,002	0,05 – 0,002	0,075 – 0,005	< 0,075 FINOS
Arcilla	< 0,002	< 0,002	< 0,005	

4: Sistema Unificado de Clasificación de Suelos
3: American Society for Testing and Materials
2: American Association of State Highway and Transportatio Official
1: B S – 5930: 1981

Descripción y clasificación de suelos
3.2 Granulometría

Gravas | **Ø = 8-10 cm y 2 mm.**

No retienen agua y grandes huecos entre partículas

Arenas | **Ø = 2 mm y 0.06 mm**

Observables a simple vista.
Se separan del agua con facilidad

Limos | **Ø = 0.06 mm y 0.002 mm**

Arcillas | **Ø ≤ 0.00 2 mm.**

Retienen agua con mayor facilidad que los tamaños anteriores

Granulometria

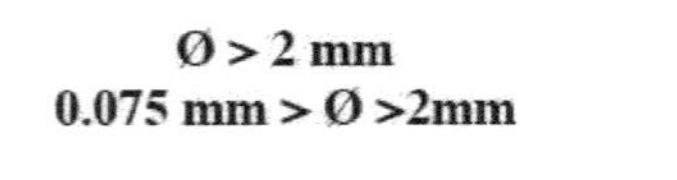

Ø > 2 mm
0.075 mm > Ø >2mm

ASTM	ISO	UNE	ABERTURA REAL (mm)	SUCS
4"	100	100	100	GRAVAS
3"	75	80	75	
21/2"	63	63	63.5	
2"	50	50	50.8	
11/2"	37.5	40	37.5	
1"	25	25	25	
_"	19	20	19	
_"	12.5	12.5	12.7	
_"	6.3	6.3	6.35	
Nº 4	4.75	5	4.75	ARENAS
Nº 10	2	2	2	
Nº 16	1.18	1.25	1.18	
Nº 40	0.425	0.40	0.425	
Nº 80	0.18	0.16	0.18	
Nº 200	0.075	0.08	0.075	FINOS

Tamaño de los tamices

Descripción y clasificación de suelos

Granulometría

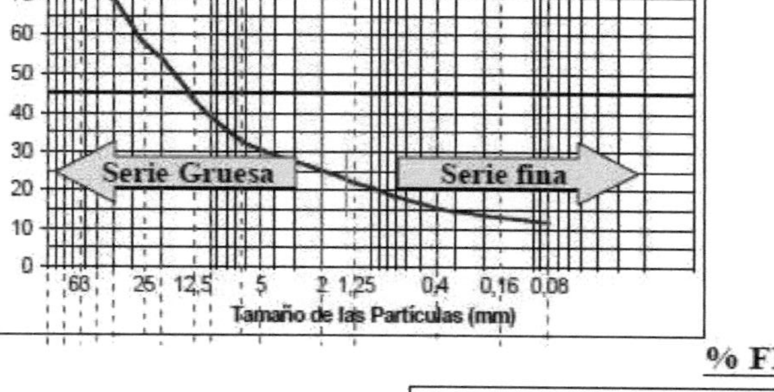

Coeficiente Uniformidad

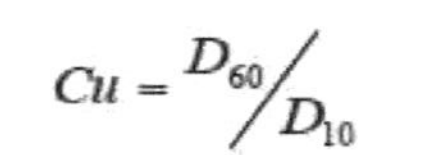

$$Cu = D_{60} / D_{10}$$

Cu < 5. Mal graduado. Granulometría uniforme
5 < Cu < 20. Granulometría poco uniforme
Cu > 20. Suelo bien Graduado.

Coeficiente Curvatura

$$Cc = (D_{30})^2 / D_{60} * D_{10}$$

Un suelo bien gradado 1< Cc < 3

% FINOS

% de arcillas y limos que contiene el suelo
Ø < 0.075 mm
Información de la retención de agua

Plasticidad

Una característica importante de los suelos finos es su plasticidad. Esta describe la respuesta de un suelo en función de su contenido en agua y depende también de la composición mineralógica de las arcillas

<u>Límites de Atterberg</u> (fracción de suelo que pasa por el tamiz n° 40 – ASTM (0.4 mm)

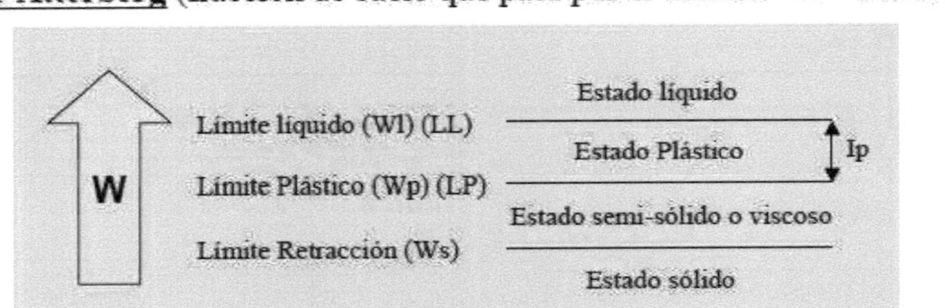

<u>Cuchara de Casagrande</u>

Plasticidad

Cálculo del LL

Cuchara de Casagrande

LL (UNE 103 103:94) - Unión de la canaladura 12 mm a 25 golpes

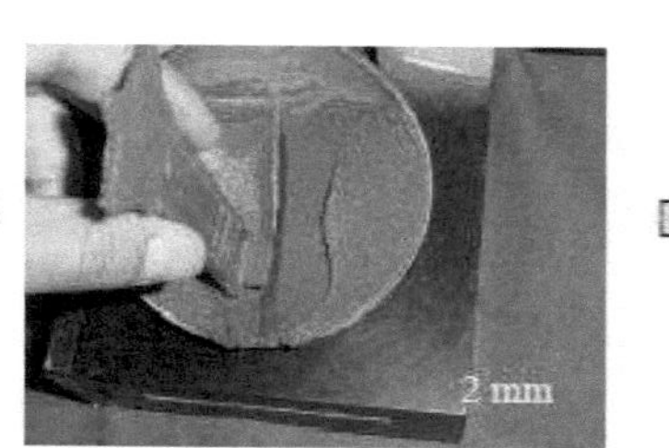

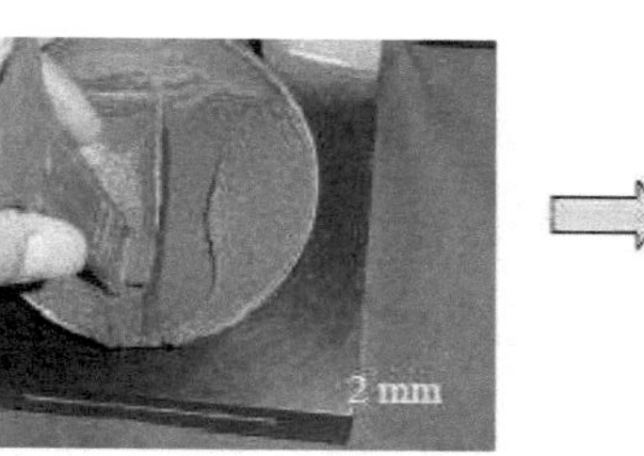

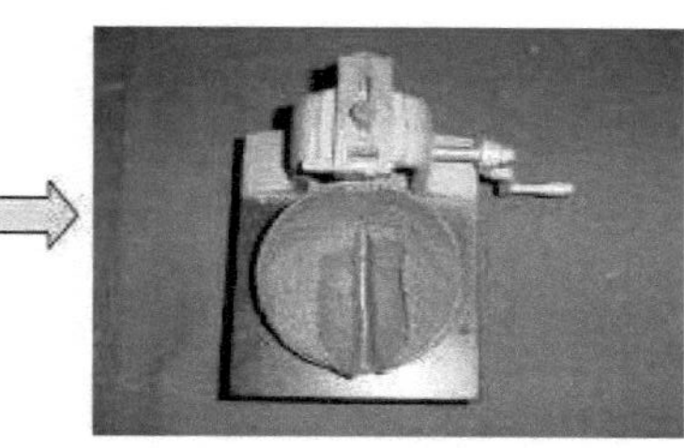

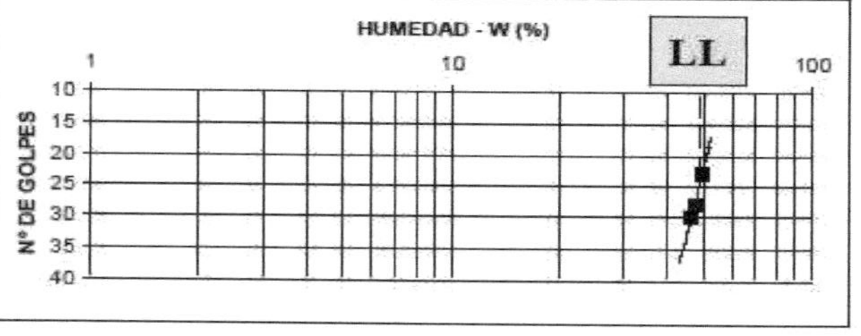

Plasticidad

Cálculo del LP

<u>LP</u> (UNE 103 104: 93) - canutillos 3 mm

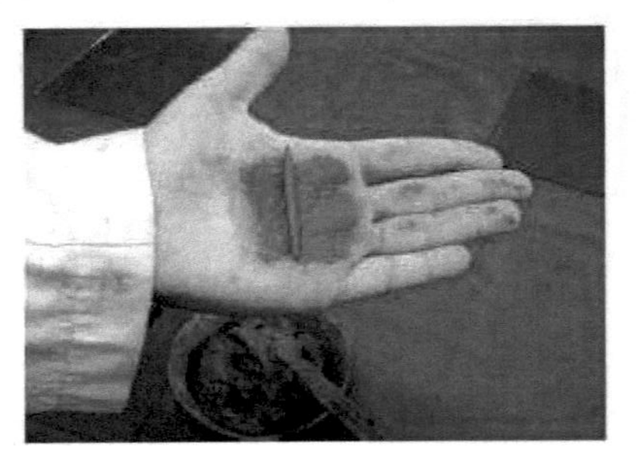

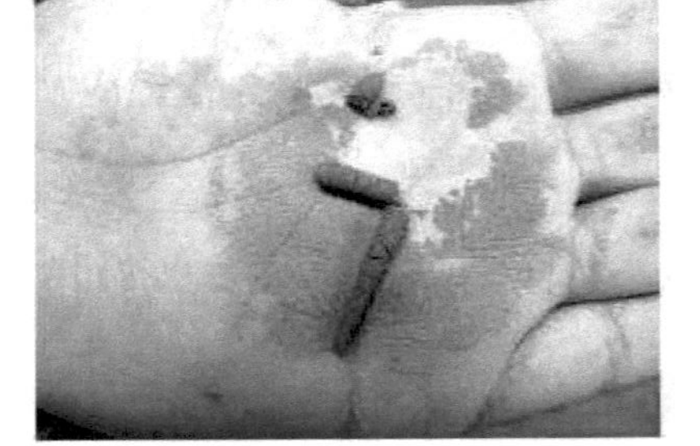

Plasticidad

Cálculo de Límite de retracción

LR (Ws) : Humedad del suelo en el momento en el que deja de contraerse al perder humedad

$$W_S = \frac{\gamma_w}{\gamma_d} - \frac{1}{G_S}$$

Plasticidad

Índice de Plasticidad (Ip) : rango de humedades en las que el suelo se comporta de forma plástica

$$Ip = LL - LP$$

Índice de Consistencia (Ic) : consistencia del suelo

$$Ic = \frac{LL - w}{Ip}$$

Ic < 0.25	Suelo pastoso
0.25 < Ic < 0.5	Suelo blando
0.5 < Ic < 0.75	Suelo consistente
0.75 < Ic < 1	Suelo semiduro
Ic > 1	Suelo duro

Índice de Fluidez (If) - %: humedad que excede del LP.

$$If = \frac{w - LP}{Ip} * 100$$

If = 100	LL = w . Suelo se comporta como un líquido
0 < If < 100	LL < w < LP . Cuanto mayor sea If, más fluido
If < 0.	Suelo sólido

Plasticidad

Carta de plasticidad de Casagrande

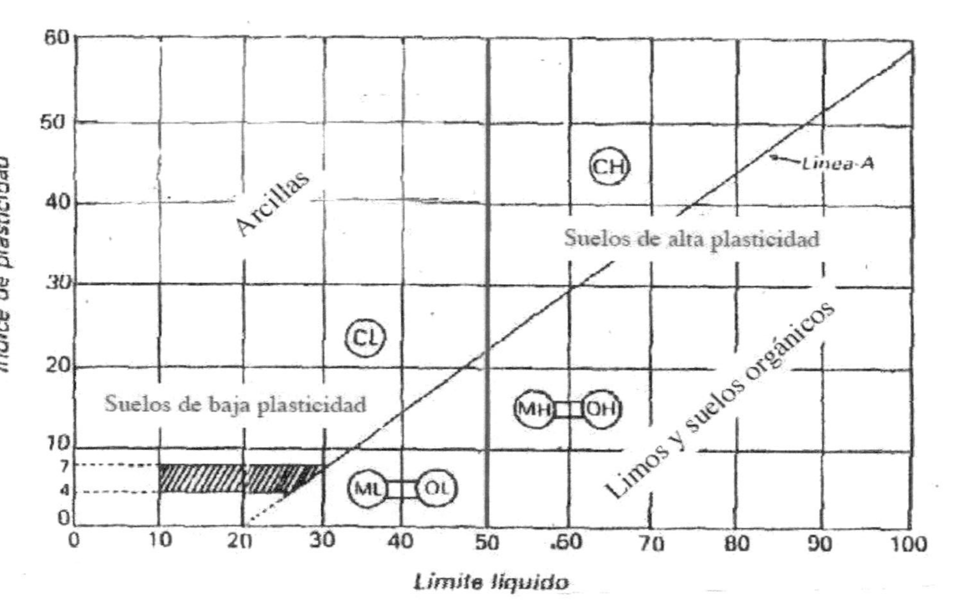

Línea A: IP = 0.73 (LL-20)

Sistema USCS

DIVISION PRINCIPAL			SIMBOLO DEL GRUPO	NOMBRES TIPICOS	CRITERIO DE CLASIFICACION		
SUELOS DE GRANOS GRUESOS 50% o más es retenido en el tamiz No. 200	GRAVAS 50% o más de la fracción gruesa es retenido en el tamiz No. 4	GRAVAS LIMPIAS	GW	Gravas bien gradadas y mezclas de arena y grava con pocos finos o sin finos	Clasificación basada en el porcentaje de finos Menos del 5% pasa por el tamiz No. 200 GW, GP, SW, SP Más del 12% pasa por el tamiz No. 200 GM, GC, SM, SC (5% a 12% pasa por el tamiz No. 200) Para clasificación de frontera se necesitan símbolos dobles	$C_u = D_{60}/D_{10}$ Mayor que 4 $C_z = \frac{(D_{30})^2}{D_{10} \times D_{60}}$ Entre 1 y 3	
			GP	Gravas y mezclas de gravas y arenas mal gradadas con pocos finos o sin finos		Si los criterios para GW no se cumplen	
		GRAVAS CON FINOS	GM	Gravas limosas, mezclas de grava - arena y limo		Límites de Atterberg localizados bajo la línea "A" o índice de plasticidad inferior a 4.	Si los límites de Atterbeg se localizan en el área sombreada se deba clasificar utilizando símbolos dobles
			GC	Gravas arcillosas, mezclas de grava - arena y arcilla		Límites de Atterberg sobre la línea "A" e índice de plasticidad superior a 7.	
	ARENAS Más del 50% de la fracción gruesa pasa por el tamiz	ARENAS LIMPIAS	SW	Arenas y arenas gravosas bien gradadas con pocos finos o sin finos		$C_u = D_{60}/D_{10}$ Superior a 6 $C_z = \frac{(D_{30})^2}{D_{10} \times D_{60}}$ Entre 1 y 3	
			SP	Arenas y arenas gravosas mal gradadas con pocos finos o sin finos		Si no se cumplen los criterios para SW	
		ARENAS, CON FINOS	SM	Arenas limosas, mezclas de arena limo		Límites de Atterberg localizados bajo la línea "A" o índice de plasticidad inferior a 4.	Para los límites de Atterberg localizados en el área sombreada se debe clasificar utilizando símbolos dobles.
			SC	Arenas arcillosas, mezclas de arena y arcilla		Límites de Atterberg sobre la línea "A" e índice de plasticidad superior a 7.	
SUELOS DE GRANOS FINOS 50% o más pasa por el tamiz No. 200	LIMOS Y ARCILLAS Límite líquido de 50% o inferior		ML	Limos inorgánicos, arenas muy finas, polvo de roca, arenas finas limosas o arcillosas	GRAFICO DE PLASTICIDAD		
			CL	Arcillas inorgánicas de plasticidad baja a media, arcillas gravosas, arcillas arenosas, arcillas limosas, suelos sin mucha arcilla			
			OL	Limos orgánicos y arcillas limosas orgánicas de baja plasticidad			
	LIMOS Y ARCILLAS Límite líquido superior a 50%		MH	Limos inorgánicos, arenas finas o limos micáceos o de diatomeas limos elásticos			
			CH	Arcillas inorgánicas de alta plasticidad, arcillas grasas			
			OH	Arcillas orgánicas de plasticidad alta o media			
Suelos altamente orgánicos			PT	Turba, estiércol y otros suelos altamente orgánicos	Para la identificación visual y manual, véase ASTM norma D 2488		

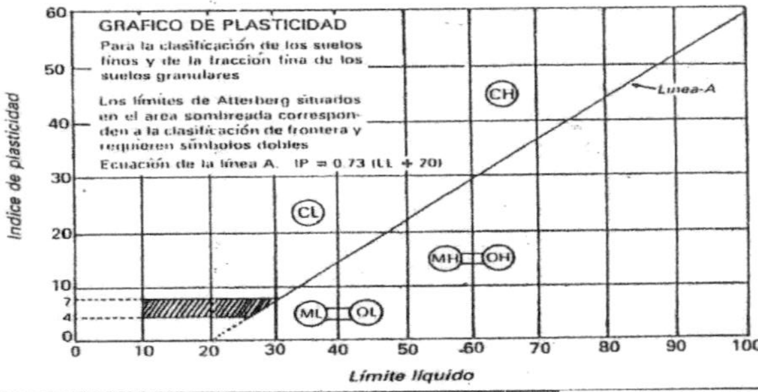

GRAFICO DE PLASTICIDAD

Para la clasificación de los suelos finos y de la fracción fina de los suelos granulares

Los límites de Atterberg situados en el área sombreada corresponden a la clasificación de frontera y requieren símbolos dobles

Ecuación de la línea A. $IP = 0.73 (LL - 20)$

Índice de plasticidad: 0, 4, 7, 10, 20, 30, 40, 50, 60

Límite líquido: 0, 10, 20, 30, 40, 50, 60, 70, 80, 90, 100

Línea-A

CH, CL, MH–OH, ML–OL

Tamiz 200: Ø=0,08mm
Tamiz 4: Ø=4,75 mm

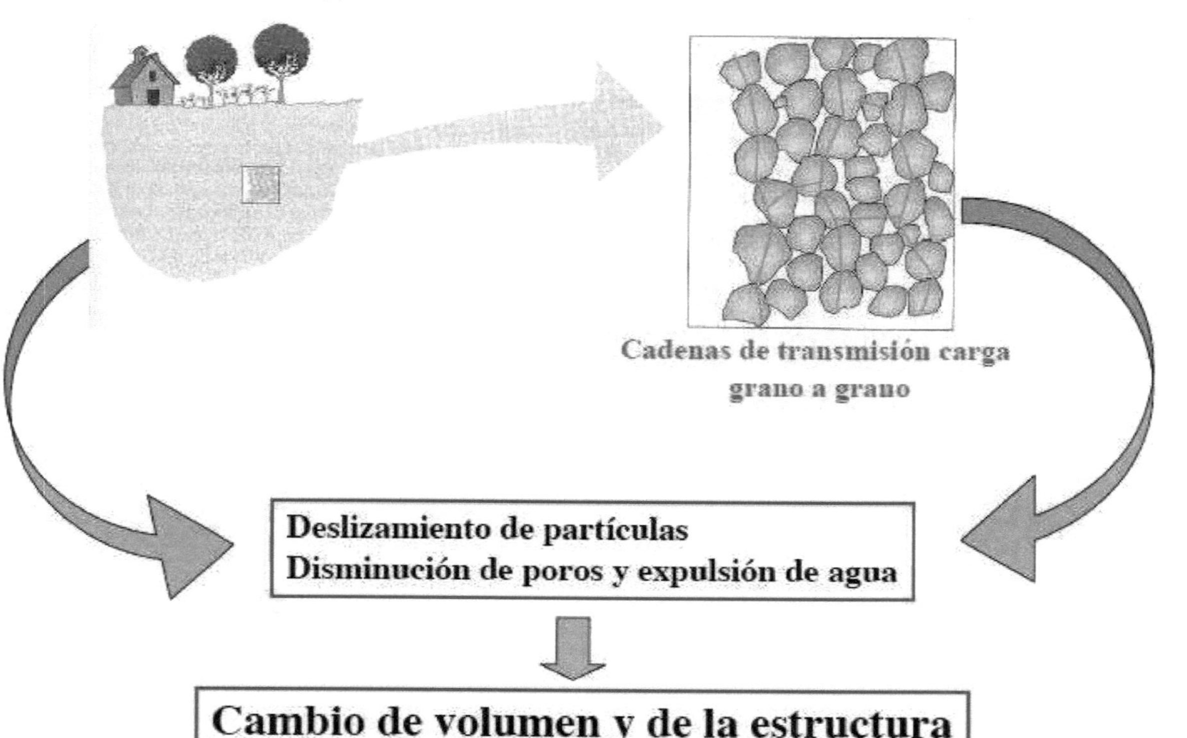
Principios mecánicos de deformación en suelos
Cadenas de transmisión carga grano a grano
Deslizamiento de partículas
Disminución de poros y expulsión de agua
Cambio de volumen y de la estructura

Principios mecánicos de deformación en suelos

Características básicas del comportamiento mecánico

Estructura del suelo. Condiciona determinadas cadenas de transmisión de carga

Anisotropía. La resistencia y deformabilidad depende de la dirección de aplicación del esfuerzo

Historia tensional. Al modificar el estado de esfuerzos se produce la reordenación de las partículas: nuevas cadenas de transmisión de carga

Principios mecánicos de deformación en suelos

Estado de esfuerzo en un elemento de suelo

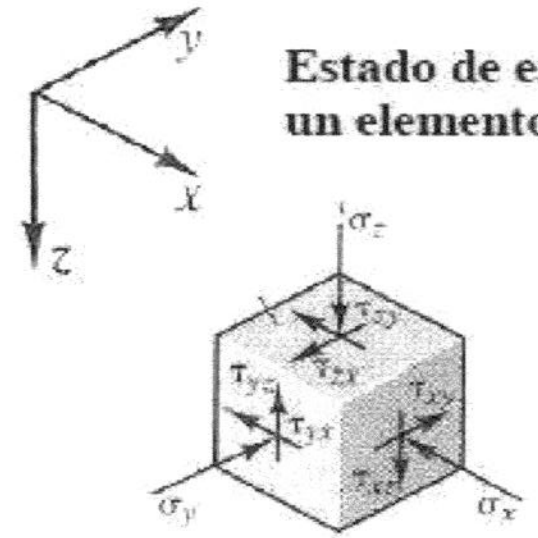

y
x
z
σ_z
τ_{zy}
τ_{zx}
τ_{yz}
τ_{yx}
τ_{xy}
τ_{xz}
σ_y
σ_x

$$\sigma v = \gamma H$$

σ vertical
profundidad
σ'
σ
u

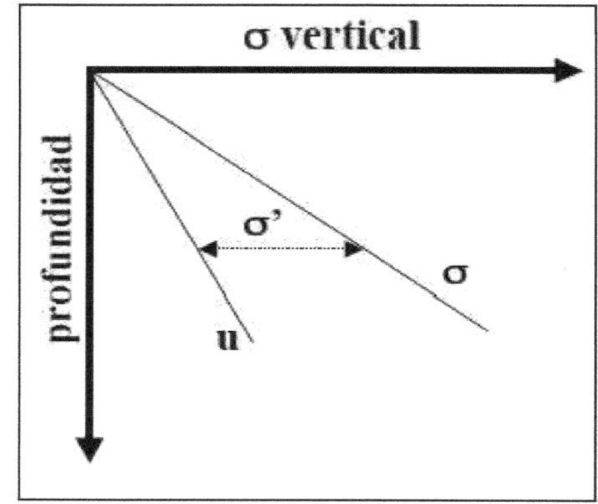

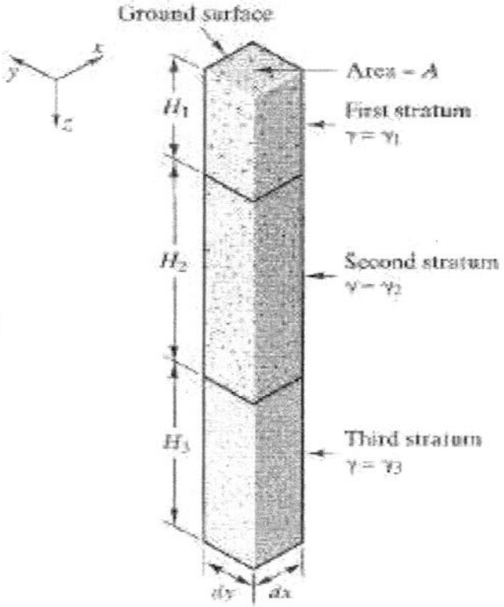

Ground surface
Area = A
First stratum
$\gamma = \gamma_1$
Second stratum
$\gamma = \gamma_2$
Third stratum
$\gamma = \gamma_3$
H_1
H_2
H_3
dy
dx

Esfuerzo vertical inducido por la gravedad en una columna de suelo

Principios mecánicos de deformación en suelos Principio de esfuerzo efectivo

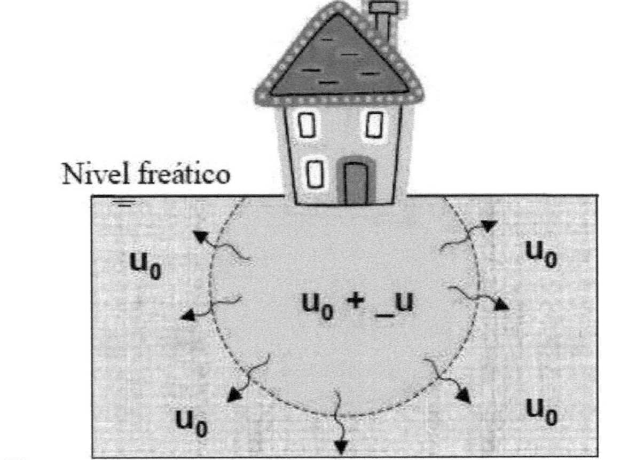

Anterior a la carga

$$\sigma = \sigma' + u \qquad \sigma_0 + \_\sigma = (\sigma'_0 + \_\sigma') + (u_0 + \_u)$$

$$\_\sigma = \_\sigma' + \_u$$

Principios mecánicos de deformación en suelos Principio de esfuerzo efectivo

Transcurrido un cierto tiempo se alcanza el equilibrio

$$\Delta u = 0$$

$$\Delta \sigma = \Delta \sigma'$$

Principios mecánicos de deformación en suelos

Fases que tienen lugar al cargar un suelo saturado:

1. Incremento de esfuerzo (_σ) en las zonas próximas al punto de aplicación

2. Según Terzaghi un aumento de los esfuerzos implica un aumento de la presión efectiva ($\_\sigma'_{inicial}$) más un aumento de la presión intersticial ($\_u_{inicial}$)

3. La aparición de un $\_u_{inicial}$ produce una diferencia de altura piezométrica, lo que implica una circulación de agua.

4. A medida que progresa el flujo disminuye la $\_u_{inicial}$ en el interior de la zona de influencia, aumentando en la misma medida $\_\sigma'_{inicial}$.

5. Cuando realmente desaparece la presión intersticial (_u) todo el incremento de carga de traducirá íntegramente en tensión efectiva (_σ').

El proceso de disipación de presión intersticial por la aplicación de una carga es a lo que se denomina **CONSOLIDACIÓN** de un suelo. La velocidad de consolidación del suelo va a depender de su Permeabilidad (K), lo que puede implicar carga con o sin drenaje y de la Velocidad de aplicación de la carga.

Principios mecánicos de deformación en suelos

Principio de esfuerzo efectivo

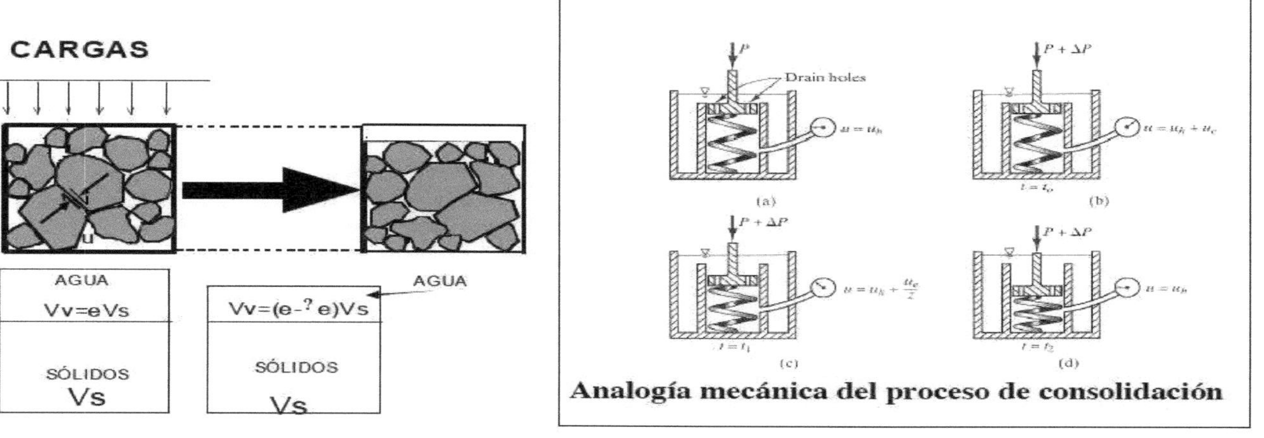

Carga con drenaje y sin drenaje

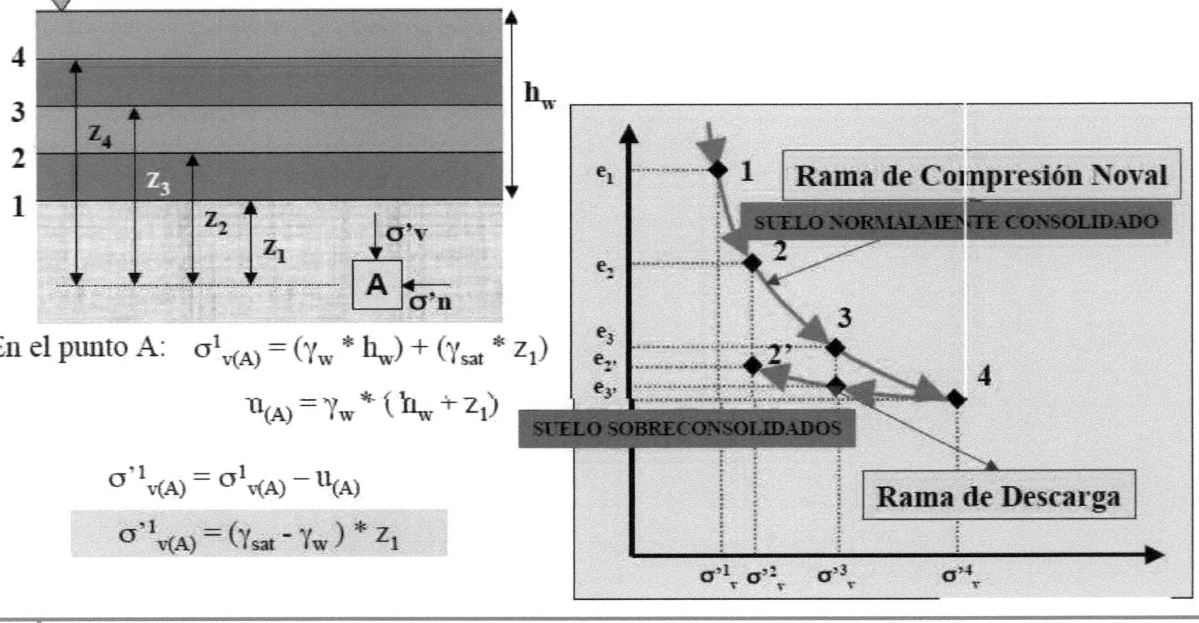
Suelos normalmente consolidados y suelos sobreconsolidados
Las características tenso-deformacionales de un suelo dependen de su Historia Geológica.
Ej: Depósito de un suelo en ambiente acuoso. Deformación lateral nula o unidimensional. Un σprinc vert.
4
3
2
1
Z_4
Z_3
Z_2
Z_1
h_w
σ'v
A
σ'n
En el punto A: $\sigma^1_{v(A)} = (\gamma_w * h_w) + (\gamma_{sat} * z_1)$
$u_{(A)} = \gamma_w * (h_w + z_1)$
$\sigma'^1_{v(A)} = \sigma^1_{v(A)} - u_{(A)}$
$\sigma'^1_{v(A)} = (\gamma_{sat} - \gamma_w) * z_1$
Rama de Compresión Noval
SUELO NORMALMENTE CONSOLIDADO
SUELO SOBRECONSOLIDADOS
Rama de Descarga
e_1
e_2
e_3
$e_{2'}$
$e_{3'}$
1
2
3
2'
4
σ'^1_v σ'^2_v σ'^3_v σ'^4_v

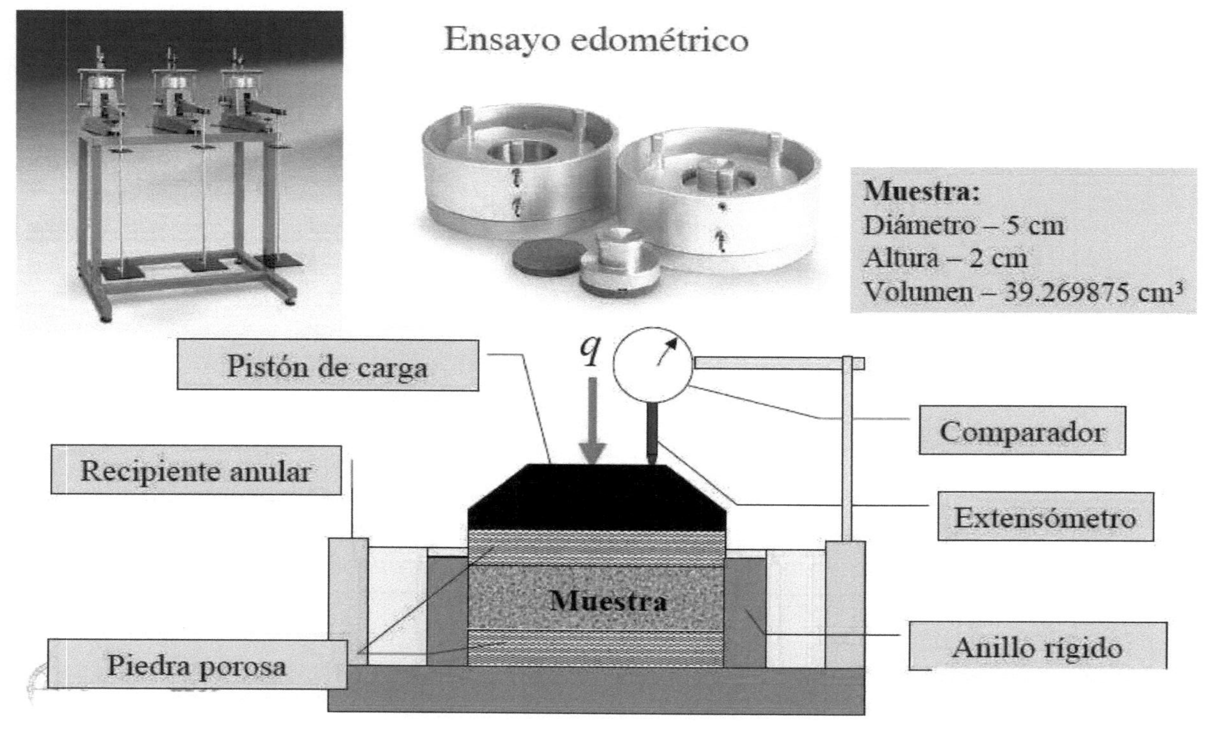
Ensayo edométrico
Muestra:
Diámetro – 5 cm
Altura – 2 cm
Volumen – 39.269875 cm³
Pistón de carga
q
Comparador
Recipiente anular
Extensómetro
Muestra
Anillo rígido
Piedra porosa

ESCALONES DE CARGA

Kp/cm^2	0,05	0,1	0,2	0,4	0,8	1,5	3	6	10	15
Kpa	5	10	20	40	80	150	300	600	1000	1500
Eq. Peso (Kg)	1	2	4	8	16	30	60	120	200	300

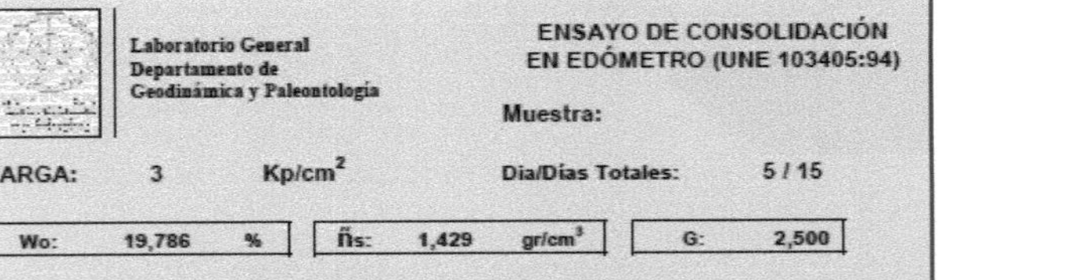

Laboratorio General
Departamento de
Geodinámica y Paleontología

ENSAYO DE CONSOLIDACIÓN
EN EDÓMETRO (UNE 103405:94)

Muestra:

CARGA: 3 Kp/cm^2 Dia/Días Totales: 5 / 15

Wo: 19,786 % ñs: 1,429 gr/cm^3 G: 2,500

Ho: 20 mm eo: 0,7103

Hora Inicio: 9:00:00 Fecha: 25/10/2005

TIEMPO	HORA	DIAL (0.01 mm)	?H	e
10"	9:00:10	22,5	0,225	0,691054524
15"	9:00:15	22,6	0,226	0,690969009
30"	9:00:30	22,75	0,2275	0,690840737
45"	9:00:45	22,85	0,2285	0,690755222
1'	9:01:00	22,95	0,2295	0,690669707
2'	9:02:00	23	0,23	0,69062695
3'	9:03:00	23,1	0,231	0,690541435
5'	9:05:00	23,3	0,233	0,690370406
7'	9:07:00	23,5	0,235	0,690199376
10'	9:10:00	23,6	0,236	0,690113862
15'	9:15:00	23,7	0,237	0,690028347
20'	9:20:00	23,9	0,239	0,689857317
30'	9:30:00	24	0,24	0,689771802
45'	9:45:00	24,05	0,2405	0,689729045
1 H	10:00:00	24,1	0,241	0,689686288
2 H	11:00:00	24,25	0,2425	0,689558016
3 H	12:00:00	24,5	0,245	0,689344229
5 H	14:00:00	24,75	0,2475	0,689130442
7 H	16:00:00	25	0,25	0,688916655
24 H	9:00:00	25,25	0,2525	0,688702868

$e = e_o$ - ?H/Ho $(1+e_o)$ e_o = (G/ñs) - 1

$$e_o = (G/_{d}) - 1$$

$$e = e_o - \Delta H/Ho\ (1+e_o)$$

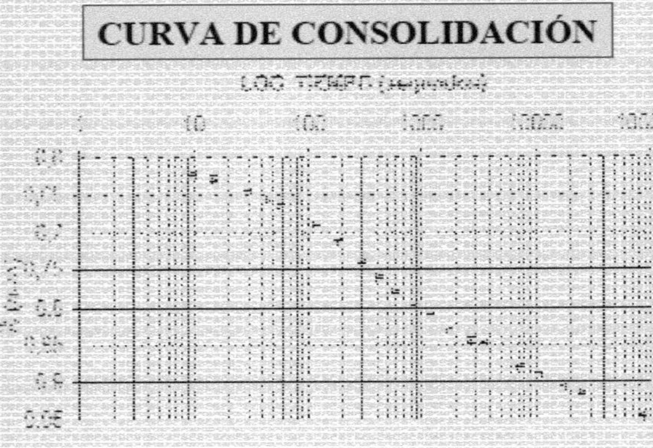

- ***Consolidación Inicial***: Reducción de vacíos por eliminación del aire.
- ***Consolidación Primaria***: Reducción de vacíos por eliminación de agua.
- ***Consolidación Secundaria***: Reacomodamiento de las partículas sólidas

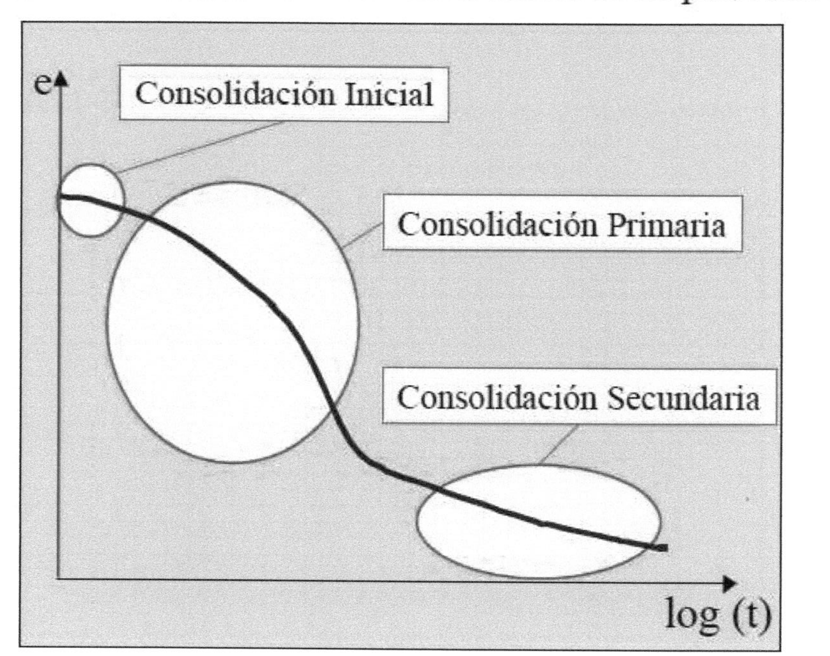

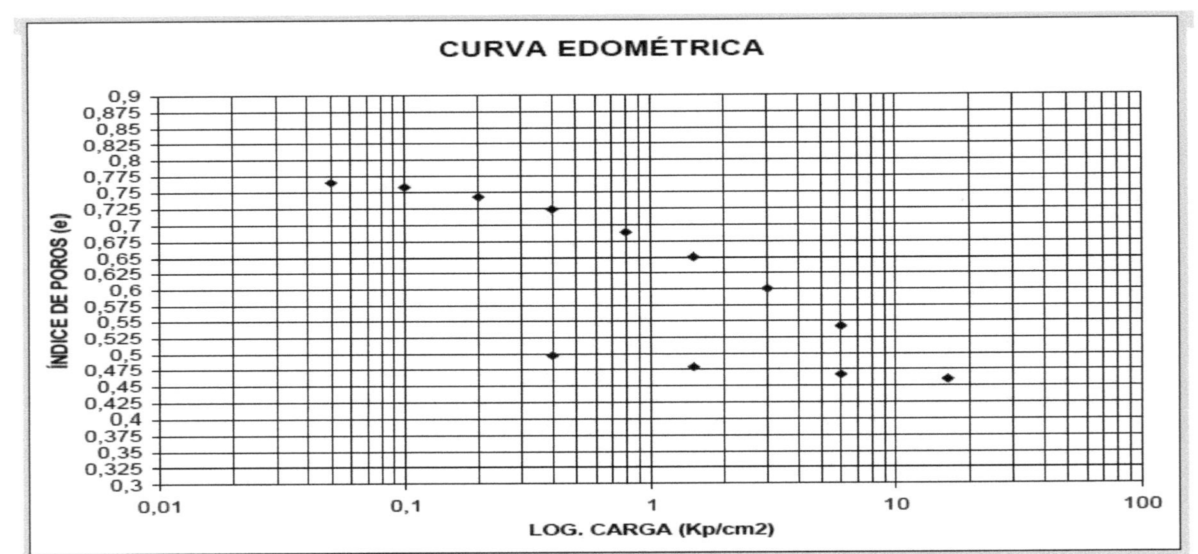

Índice de Compresión (Cc):

Pendiente Rama Compresión Noval

$$C_c = \frac{e_{inicial} - e_{final}}{\log\left(\frac{\sigma'_{final}}{\sigma'_{inicial}}\right)}$$

Índice de Entumecimiento (Cs):

Pendiente de la Rama de Descarga

$$Cs = \frac{e_{final} - e_{inicial}}{\log\left(\frac{\sigma'_{inicial}}{\sigma'_{final}}\right)}$$

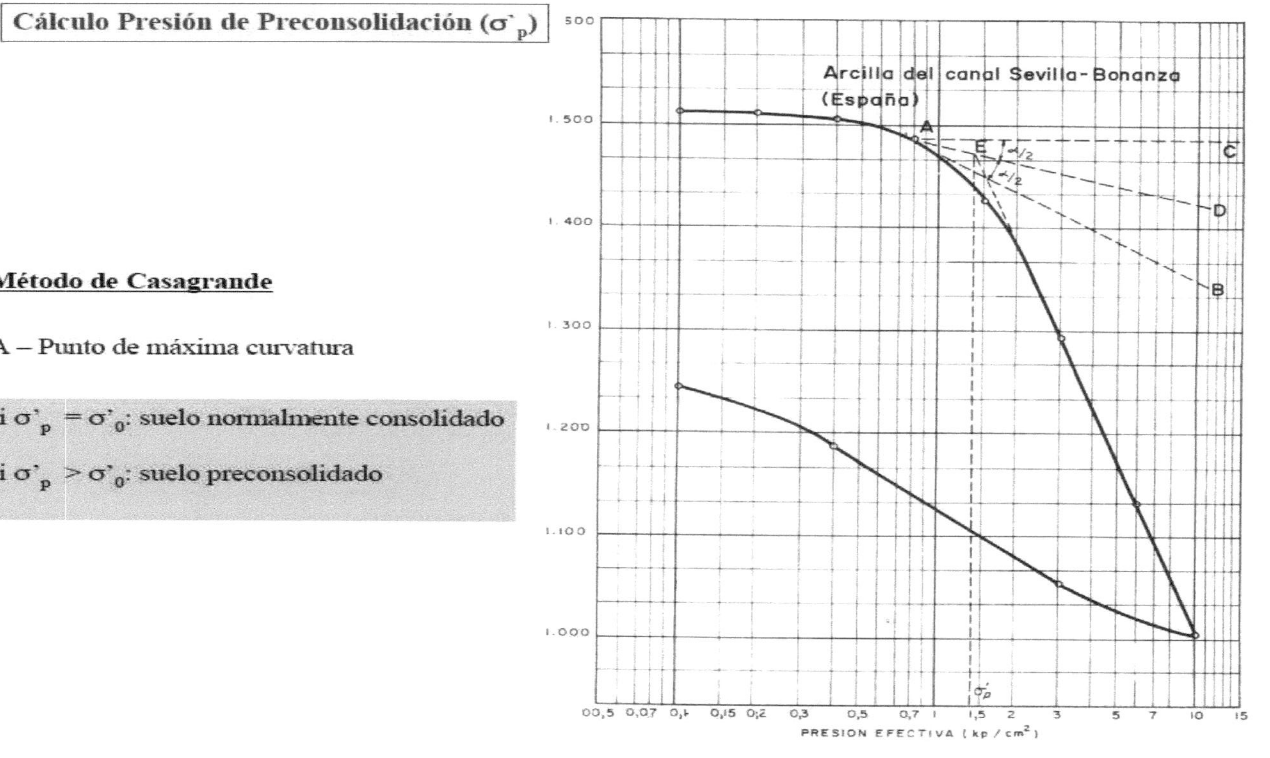
Cálculo Presión de Preconsolidación (σ'_p)
Método de Casagrande
A – Punto de máxima curvatura
Si $\sigma'_p = \sigma'_0$: suelo normalmente consolidado
Si $\sigma'_p > \sigma'_0$: suelo preconsolidado
Arcilla del canal Sevilla-Bonanza
(España)
A
E
C
D
B
$\alpha/2$
$\alpha/2$
σ'_p
500
1.500
1.400
1.300
1.200
1.100
1.000
00,5 0,07 0,1 0,15 0,2 0,3 0,5 0,7 1 1,5 2 3 5 7 10 15
PRESION EFECTIVA (kp / cm²)

RESISTENCIA AL CORTE DE UN SUELO

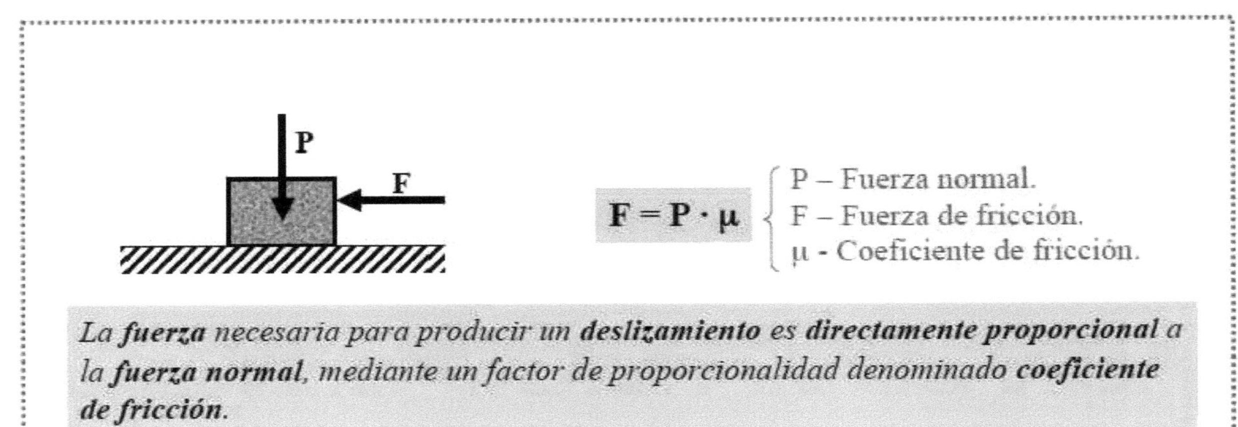

$$\mathbf{F = P \cdot \mu}$$

P – Fuerza normal.
F – Fuerza de fricción.
μ - Coeficiente de fricción.

*La **fuerza** necesaria para producir un **deslizamiento** es **directamente proporcional** a la **fuerza normal**, mediante un factor de proporcionalidad denominado **coeficiente de fricción**.*

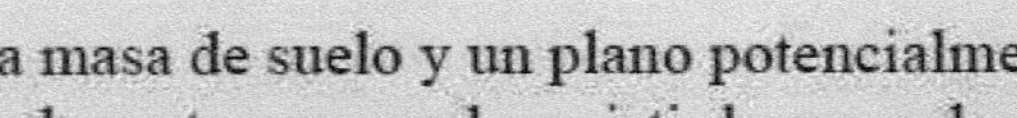

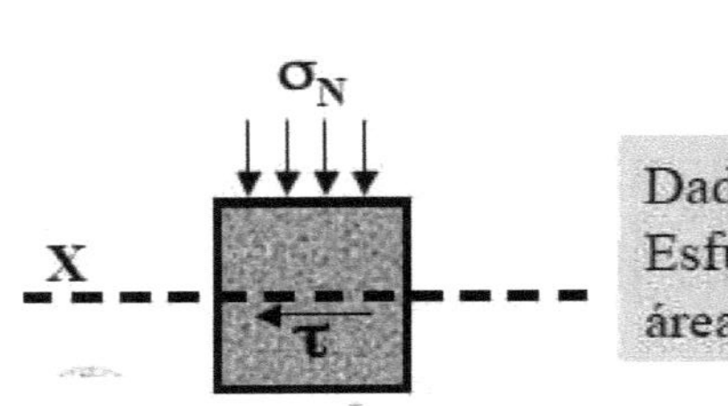

Dada una masa de suelo y un plano potencialmente de falla (X), el Esfuerzo de corte que puede resistir la masa de suelo por unidad de área es proporcional al esfuerzo normal sobre dicho plano.

$$\tau = \sigma_n \cdot \mu$$

$\boldsymbol{\tau = \sigma_n \cdot \mu}$ → Si $\sigma = 0$; entonces $\tau = 0$

Esto no ocurre en la naturaleza, existen suelos dónde no se tienes esfuerzos normales (σ), pero sobre el plano de corte si existe una cierta resistencia a la cizalla.

Si $\sigma = 0$, entonces $\tau = c$ ---- **Cohesión**

$\boldsymbol{\tau = c + \sigma_n \cdot \mu}$ **CRITERIO DE COULOMB**

$$\tau = c' + (\sigma_n - u) * \mu$$

Por lo tanto, la **resistencia al corte** de un suelo depende:

- Naturaleza
- Estructura
- Nivel de deformación
- Estado tensional
- Presión de fluidos

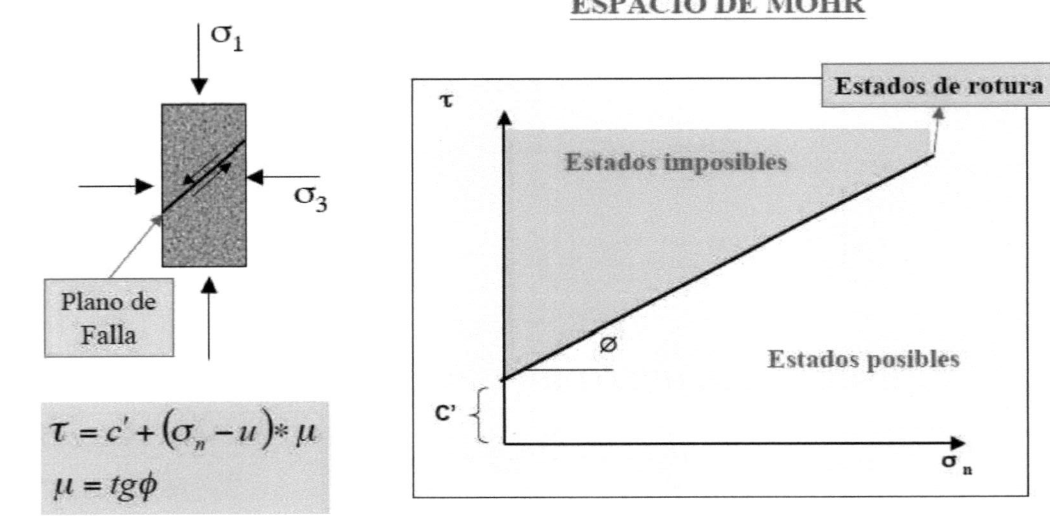
ESPACIO DE MOHR
σ1
σ3
Plano de Falla
$\tau = c' + (\sigma_n - u) * \mu$
$\mu = tg\phi$
Estados de rotura
τ
Estados imposibles
Ø
Estados posibles
C'
σ n

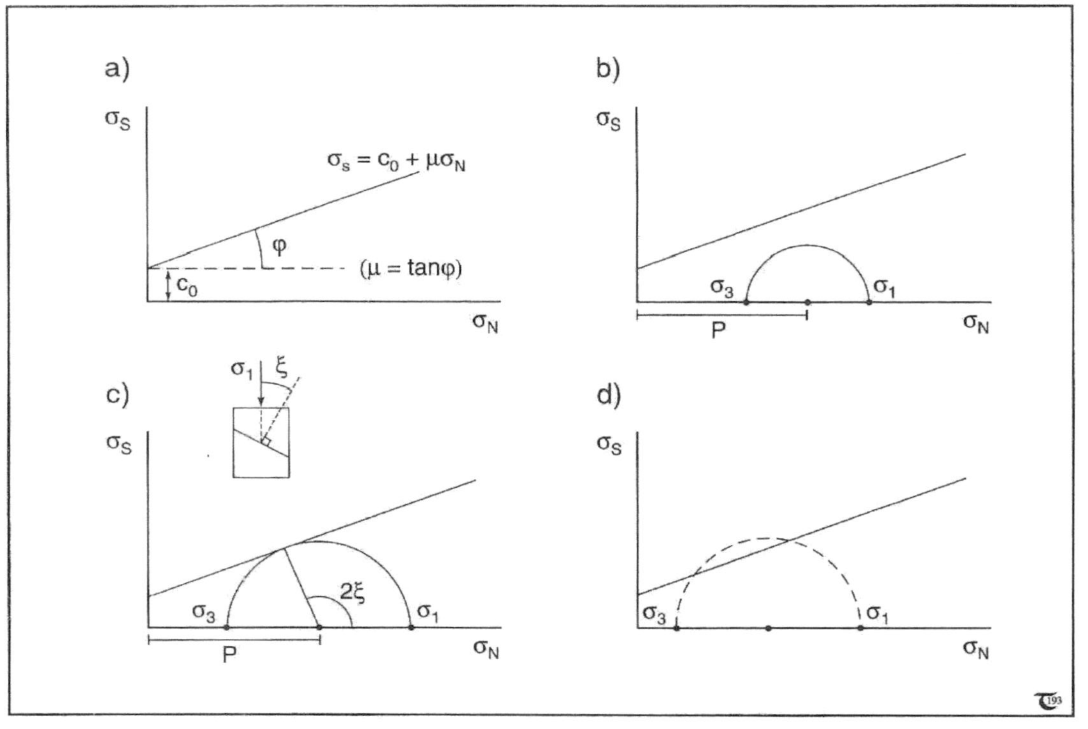
a)
σS
σs = c0 + μσN
φ
(μ = tanφ)
c0
σN
b)
σS
σ3
σ1
P
σN
c)
σ1
ξ
σS
2ξ
σ3
σ1
P
σN
d)
σS
σ3
σ1
σN

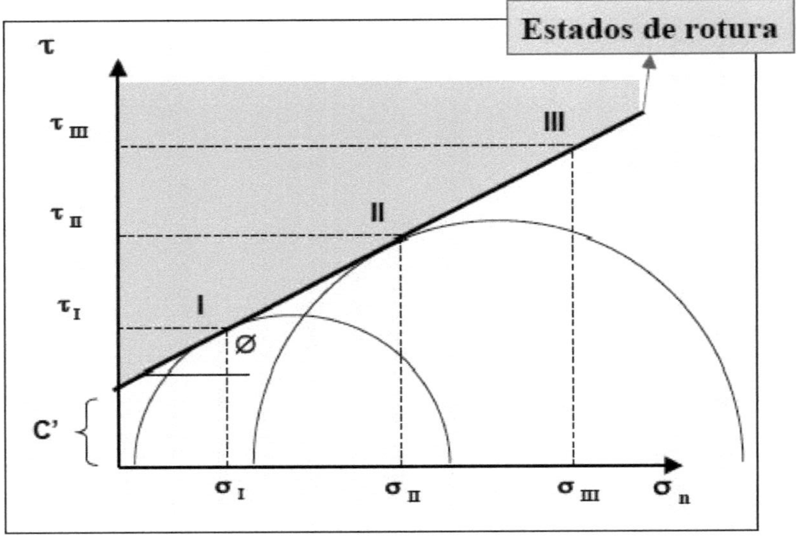

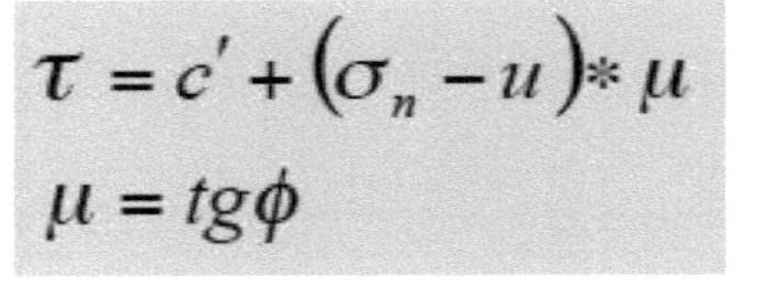

$$\tau = c' + (\sigma_n - u) * \mu$$

$$\mu = tg\phi$$

Printed by Books on Demand GmbH, Norderstedt / Germany